ÉCOLE DU LOUVRE — COURS D'ARCHÉOLOGIE NATIONALE

Professeur : M. H. HUBERT

CONFÉRENCES D'ÉTÉ AU MUSÉE DES ANTIQUITÉS NATIONALES
DE SAINT-GERMAIN-EN-LAYE

LES
RACES QUATERNAIRES

PAR

le Dr Auguste LÉTIENNE

PARIS

LIBRAIRIE J.-B. BAILLIÈRE ET FILS

19, RUE HAUTEFEUILLE, 19

1907

Tous droits réservés

LES

RACES QUATERNAIRES

PAR

le Dr Auguste LÉTIENNE

PARIS

LIBRAIRIE J.-B. BAILLIÈRE ET FILS

19, RUE HAUTEFEUILLE, 19

1907

LES RACES QUATERNAIRES

I

NOTIONS ÉLÉMENTAIRES DE CRANIOMÉTRIE

Quand notre maître, M. HUBERT, m'a fait l'honneur de me charger de cette conférence, c'est, j'imagine, bien plus au médecin qu'à l'élève archéologue qu'il s'est adressé. Il a désiré que je m'efforce de vous montrer avec le plus de simplicité et de clarté possible ce que l'archéologie peut attendre et ce qu'elle a obtenu de méthodes, qui, par leurs procédés et leur objet, restent l'apanage du naturaliste.

Comment l'anthropologie peut-elle servir à la détermination des races quaternaires ? A quels résultats a-t-elle abouti jusqu'ici ? Telle est la double question à laquelle nous allons tâcher de donner une réponse réduite à ses termes essentiels.

Les procédés les plus certains que puisse employer l'anthropologie pour déterminer une race disparue sont très restreints. Ils se limitent à des techniques de mensuration, à des comparaisons, à des pratiques étroites d'anthropométrie. L'anthropologie n'a le plus souvent pour objet d'étude que des débris plus ou moins détériorés. Et le champ de l'anthropométrie préhistorique est d'autant plus confiné qu'elle doit se borner à l'étude du squelette sans pouvoir espérer jamais s'appuyer sur les données morphologiques complémentaires dont profite amplement l'anthropométrie appliquée aux races humaines actuellement existantes.

L'obscurité, à laquelle sont condamnées les recherches d'anthropologie préhistorique ne se répand que sur les races paléolithiques. Les temps néolithiques bénéficient d'une plus grande clarté : ceux-ci sont incomparablement plus près de nous. Or vous savez que le très petit espace de temps qui nous est historiquement connu dans l'évolution des races ne suffit pas pour amener des changements bien appréciables dans les caractères fondamentaux des variétés humaines. Si les documents proto historiques et historiques de tout ordre nous permettent d'embrasser une période de 6000 ans, portée même à un recul maximum à 8000 ans, ces 60 ou 80 siècles ont été insuffisants pour modifier profondément les races. Aussi les raisonnements qui seront appliqués aux hommes néolithiques par analogie à ce qui peut être observé aujourd'hui encore à la surface de la terre, auront-ils toujours la plus grande valeur.

L'anthropométrie préhistorique a pour but de relever tous les caractères physiques que présentent les squelettes humains que le hasard des fouilles place sous notre observation. Pour mettre de l'ordre et de la précision dans ses observations, pour mieux établir ses comparaisons, elle emploie en première ligne des procédés de mesure, de mensuration, d'où son nom d'anthropométrie.

Elle vise indistinctement tous les os du squelette : elle s'occupe avec autant de précision d'un fémur, d'une vertèbre ou d'une phalange que du crâne. Mais celui-ci a des caractères plus fixes et plus importants ; il subit moins que les autres os du corps les déformations éventuelles et contingentes ; il nous donne un cachet plus saisissant de la race. Son étude a pris dans l'ostéométrie un relief spécial : elle en constitue la division la plus importante, la *crâniométrie*. Pour ne pas prolonger hors de mesure ces propos, nous l'envisagerons seule.

Quand nous nous trouvons dans un ossuaire au milieu de pyramides de crânes empilés, au premier abord, nous ne constatons entre eux aucune différence : tous nous semblent pareils. Mais en les regardant plus attentivement, en considérant quelques-uns d'entre eux isolément et comparativement, nous ne tardons pas à apercevoir certaines différences. En réalité aucun d'eux n'est rigoureusement semblable à un autre. Chaque crâne a sa physionomie propre, comme dans une foule vivante chaque visage a son caractère. Les anthropologistes exercés, quand ils parcourent leurs rangées de vitrines remplies de crânes, qui sont pour nous très similaires, n'ont pas besoin de lire les étiquettes pour savoir à quel crâne ils ont affaire : ils les distinguent comme nous nous distinguons entre nous ; ils les connaissent « comme un berger connaît ses moutons ».

Il est rare cependant qu'ils en sachent par cœur toutes les mesures et les indices : ils les reconnaissent à une multitude de caractères infimes dont la réunion inconsciente fait une image bien définie. C'est cette image que les procédés de la crâniométrie s'efforcent de traduire le plus fidèlement possible et d'une façon qui soit compréhensible pour tous, même pour ceux qui n'auront jamais l'occasion de voir au naturel le crâne même qu'elle dépeint. Le langage employé est le plus précis dont nous puissions disposer, le langage numérique.

Une fiche crâniométrique idéale, c'est l'expression en chiffres de la forme et du volume exacts d'un crâne. Je n'ai pas besoin de vous dire que, si loin qu'on ait poussé la recherche du détail, les fiches actuelles ne réalisent pas cet idéal et que les matériaux d'étude qu'elles constituent doivent autant que possible être complétés par une représentation graphique, photographique ou autre, ou mieux encore par une représentation plastique, telle qu'un moulage.

Les procédés de crâniométrie consistent à prendre des distances d'un point déterminé du crâne à un autre point convenu et à établir entre les diverses mensurations des rapports. C'est pourquoi vous voyez les tableaux de crâniométrie se composer de mesures de lignes droites et courbes, de mensurations de largeur et de hauteur d'orifices et d'indices qui représentent les principaux rapports de ces mesures entre elles.

Je n'insisterai pas ici sur les mensurations obtenues avec des instruments compliqués qui ne sont employés que dans des recherches spéciales et dont beaucoup d'ailleurs sont tombés en désuétude, non plus que sur les appareils destinés à projeter géométriquement les profils du crâne. Toutes les mesures linéaires peuvent s'effectuer à l'aide de trois instruments simples que vous connaissez tous, le *compas à glissière* (la mesure du cordonnier), le *compas d'épaisseur* et le *ruban métrique*.

Quant au volume de la cavité crânienne, on peut l'évaluer aisément et avec une approximation suffisante par le vieux procédé de l'américain Morton. Lorsque la pièce est bien complète et s'y prête (ce qui est impraticable en matière de crânes paléolithiques, toujours incomplets ou brisés), on remplit la cavité crânienne de grenaille de plomb qu'on verse avec précaution par le trou occipital en ayant soin, suivant les conseils de Broca, de bien répartir les grains de plomb dans les vides en les tassant au fur et à mesure avec un fuseau de bois. Le crâne bien rempli, on n'a qu'à le vider en reversant le plomb dans une grande éprouvette graduée pour en connaître le volume à peu près exact.

On peut encore procéder au cubage direct par l'eau au moyen d'une vessie en caoutchouc.

Je vais vous indiquer très sommairement les principaux

repères qui servent à déterminer les lignes capitales et à établir les indices. La fig. 1 indique la position et la nomenclature des points de repère crâniens.

On mesure le diamètre *antero-postérieur maximum*. Sur la bosse nasale, située à la base du front et surmontée d'une surface lisse appelée *glabelle*, on cherche le point médian, qui est dit point *sus-nasal* ou *ophryon* (ὀφρυς,

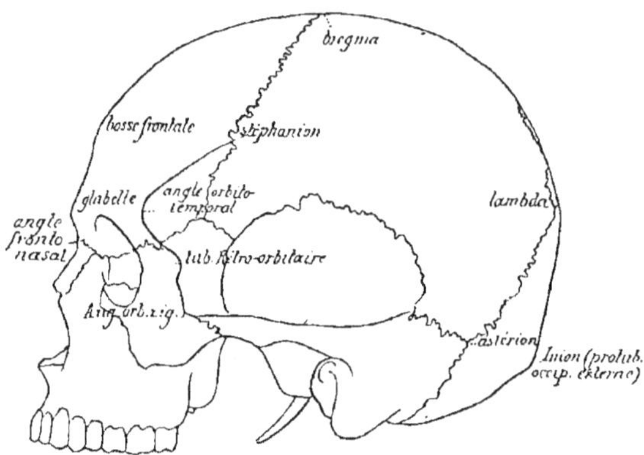

Fig. 1. — Points de repère crâniens.

sourcil). C'est le point antérieur du diamètre **A. P. M.** dont le point postérieur se trouve à l'extrémité la plus reculée de l'occipital.

Le diamètre *transverse maximum* est fourni par l'écartement maximum des deux bosses pariétales.

Le diamètre *vertical basilo-bregmatique* va du bord antérieur du trou occipital, du milieu du bord postérieur de l'os basilaire ou *basion* au *bregma* (βρεγμα, lieu des humeurs, fontanelle). Le *bregma* est le point d'intersection de la suture *sagittale* avec la suture *coronale*.

Le *naso-basilaire* va du *nasion*, intersection des sutures nasales et du frontal, *au basion*.

Le *frontal maximum* va d'une crête frontale à l'autre,

la mesure étant prise juste au-dessus de l'apophyse orbitaire externe.

Le *frontal maximum* va de l'extrémité de la crête frontale d'un côté au point symétrique de l'autre côté.

De même pour la face, où l'on mesure la hauteur et la largeur des orifices nasal et orbitaire ; — et la distance verticale *naso-alvéolaire* ; — et la distance transversale extrême des deux *apophyses zygomatiques* (ζυγος, joug).

Ces diverses mesures servent à établir des indices, dont le principal est l'*indice céphalique* de BROCA.

Les indices servent à donner une idée numérique de la forme des crânes : or c'est la forme des crânes qui a été jusqu'ici la principale caractéristique différentielle des races.

L'*indice* est un rapport établi entre deux diamètres convenus. L'*indice céphalique*, le plus important de tous, est le rapport entre le diamètre antéro-postérieur et le diamètre transverse.

Prenons un exemple. Un crâne a un diamètre antéro-postérieur maximum $= 184$, et un diamètre transverse $= 135$.

L'indice céphalique sera le rapport du diamètre transverse au diamètre antéro-postérieur. Le diamètre transverse est toujours plus petit que le diamètre antéro-postérieur, à de très rares exceptions près, qui ne s'observent que sur des crânes déformés. Le résultat de ce rapport ne peut donc être qu'une fraction, qui ici est

$$\frac{135}{184} = 0{,}7336.$$

Pour qu'on puisse comparer cet indice à celui obtenu sur d'autres crânes, on ramène toutes les fractions au même dénominateur, que nous convenons être 100. On aura alors

$$\frac{135}{184} = \frac{x}{100} \text{ soit } \frac{13500}{184} = 73,36.$$

Le chiffre des unités est la *caractéristique* de l'indice, Les chiffres décimaux sont les *décimales* de l'indice.

De nombreuses observations ont montré que suivant les crânes les indices céphaliques étaient très variables. On a constitué l'échelle de ces variations. C'est ce qui a permis à Broca d'établir la division actuellement encore en vigueur d'après la longueur relative des crânes.

Les crânes à faible indice, au-dessous de 75, sont dits *dolichocéphales*.

Les crânes à indice élevé, au-dessus de 80, sont *brachycéphales*.

Les crânes intermédiaires sont dits *mésaticéphales*.

Vous savez que les crânes fossiles sont généralement allongés, *dolichocéphales*, généralement aplatis, *platycéphales* et ont les orbites en lorgnettes.

Ces notions sommaires permettent de comprendre comment sont établis les autres indices : l'*indice frontal* est le rapport du diamètre frontal minimum au transverse maximum, qui donne la proportion entre le crâne antérieur et postérieur. L'*indice vertical* est le rapport du diamètre vertical au diamètre antéro-postérieur. Il en est de même pour la face.

Je n'insiste pas plus parce que dans la détermination des crânes quaternaires souvent réduits en fragments, c'est surtout l'indice céphalique qui est considéré.

Des mensurations analogues ont été appliquées aux diverses pièces du squelette. On est arrivé avec un os ou plusieurs os désarticulés à se faire une idée de la taille du sujet auquel il appartenait. Des dimensions d'un fémur, par exemple, on peut déduire la taille approximative du squelette total. Les travaux de Manouvrier, de Pittard, ont conduit à des résultats très suffisants.

A l'état normal, les processus d'ossification se poursuivent avec une grande harmonie. Eugène Pittard a pu étudier l'influence de la taille sur l'indice céphalique en se servant de pièces provenant d'un groupe ethnique relativement pur. Il aboutit aux conclusions que la dolichocéphalie s'accentue au fur et à mesure que la taille s'élève. Les deux diamètres antéro-postérieur et transverse ne s'accroissent pas dans une proportion égale : c'est le diamètre antéro-postérieur qui s'allonge relativement plus que le diamètre transversal dans l'accroissement de la taille.

Ayant ainsi esquissé les méthodes qui servent à différencier les crânes, nous allons examiner quelques-uns des plus typiques parmi les crânes quaternaires trouvés jusqu'à ce jour ; nous vérifierons leurs caractères, nous considérerons leurs relations entre eux et nous verrons s'il est possible ou intéressant d'établir les aires d'extension des races qu'ils représentent.

Permettez-moi auparavant l'audace d'une critique qui n'engage pas l'École et que vous laisserez au compte de mon impression personnelle. C'est que l'Anthropométrie, autant qu'il m'a paru et d'après le peu que j'en sais, je m'empresse de l'avouer, est un ensemble de méthodes bien plus propice à l'analyse individuelle qu'aux synthèses générales et qu'il faut être très prudent dans l'interprétation de ses résultats.Les procédés numériques, malgré leur apparence de rigueur, quand ils s'adressent à des êtres vivants ou qui ont vécu,ne sont que des repères, des jalons fragiles et temporaires. Tout ce qui est numérique, c'est-à-dire une conception humaine pure, est, dans l'ordre des faits biologiques, destiné à être modifié, changé, au gré des événements qui font avancer les sciences. Les procédés actuels de l'anthropologie,si ingénieux qu'ils soient, sont l'œuvre d'esprits méthodiques certes, mais un peu trop enclins peut-être à prendre pour absolu ce qui est relatif, d'esprits d'anatomistes scrupuleux habitués à considérer des choses mortes et à négliger la mutabilité incessante et le polymorphisme indéfini des actes biologiques. Ils voient le squelette de la vie plus que la vie elle-même, et ils oublient, dans leur ardeur, qu'ils ne peuvent ni poser ni connaître les conditions des rapports qu'ils déterminent.

II

TYPE CRANIEN DE SPY-NÉANDERTHAL

Les matériaux sur lesquels est basée l'étude des crânes paléolithiques sont loin d'avoir tous la même valeur. Les uns ont pu être déterminés avec quelque certitude, ayant été trouvés bien en place et dans un état de conservation suffisant ; les autres sont incomplets et réduits en fragments ; d'autres enfin ont une origine douteuse.

A cause de leur rareté, on a fait longtemps état de toutes les pièces indistinctement, bonnes et mauvaises. Aujourd'hui, les documents se sont multipliés. On a pu rejeter ceux qui étaient incomplets ou douteux et les remplacer par des meilleurs. C'est ainsi, par exemple, que la dénomination de race de Cannstatt, après diverses alternatives, a fait place à celle de race de Neanderthal et que celle-ci même semble susceptible d'être changée. Elle est changée, devrais-je dire, car dans les galeries du Museum les étiquettes ne portent plus que « Race de Spy. »

Cannstatt. — Le crâne de Cannstatt est si célèbre qu'il nous faut en dire un mot.

Il semble avoir été trouvé en 1700 au cours de fouilles dans un oppidum romain ordonnées par le duc Eberhard-Ludwig de Wurtemberg. (Cannstatt est actuellement une ville manufacturière très peuplée (22000 habitants), à une lieue environ au N. de Stuttgartt.

Les objets provenant de ces fouilles, très mêlés, comprennent des pièces archéologiques variées, depuis des ossements de mammouth, d'ours, d'hyène, jusqu'à des vases romains. Ils furent exposés au musée de Stuttgartt. C'est là qu'en 1835, Jœger trouva au milieu d'eux un fragment de crâne réduit au frontal et à une partie du pariétal droit. Jœger, sans autre critique, l'admit comme provenant des fouilles de 1700, comme contemporain des débris fossiles et vit dans cette trouvaille la preuve de la coexistence de l'homme et des faunes éteintes.

Le crâne de Cannstatt a des sinus frontaux très saillants, un front étroit et fuyant, des orbites formant un bourrelet proéminent. L'épaisseur des os est très grande. Le crâne apparaît comme ayant dû être fortement dolichocéphale.

La certitude scientifique n'a pu être établie au sujet de l'origine de ce crâne. Aussi a-t-on fini par le rejeter à un plan secondaire ; et on plaça au premier rang le crâne de Néanderthal, dont la publication fut d'ailleurs faite un an après celui de Cannstatt.

NÉANDERTHAL. — En 1856, dans la petite grotte de Feldhofer, caverne de la Néanderthal, entre Dusseldorf et Elberfeld, des ouvriers marbriers découvrirent un squelette entier, couché, le crâne vers l'ouverture. Il était, à une profondeur de 0m. 66 dans une couche de limon compact, formant une gangue dure. Le Dr FUHLROTT, d'Elberfeld, put recueillir la calotte crânienne, les deux fémurs intacts, les deux humérus, les deux cubitus, le radius droit, la moitié gauche du bassin, un fragment de l'omoplate droite et cinq débris de côtes. Une seule dent d'ours fut trouvée dans le limon voisin. Mais, plus tard, en 1865, on trouva dans une grotte voisine au sein de la même couche géologique des ossements de rhinocéros, d'ours et d'hyène, ayant la même patine que le squelette de Feldhofer.

Le crâne incomplet de Néanderthal est actuellement au musée de Bonn. Il a une forme caractéristique. Les sinus frontaux forment une saillie énorme; les arcades sourcilières font de forts bourrelets, qui justifient la dénomination d'orbites en lorgnettes. La région antérieure du crâne proémine au point de constituer une sorte de visière. Le front est remarquablement bas et étroit. La voûte crânienne, bien que surbaissée, est néanmoins volumineuse. Il y a disproportion évidente entre le crâne antérieur et le crâne postérieur. La région occipitale forme une saillie. La suture frontale ou métopique est indiquée par une crête légère. Le diam. antéro-postérieur est de 0m.20 ; l'indice céphalique est de 72. La dolichocéphalie est donc très accusée. Les os sont très épais. Le volume de la cavité crânienne complète a été évalué à 1220 cc. La fig. 2 montre les différences qui existent entre les lignes de profil données par un crâne de singe (chimpanzé), le crâne de Néanderthal et le crâne d'un Européen actuel.

Ces caractères sont si saisissants qu'on en a fait un type devenu classique sous le nom de type de Néanderthal ; et

Dr LÉTIENNE. Les Races quaternaires.   1..

on appelle Néanderthaloïde tout crâne les rappelant à un degré plus ou moins accentué. On a attribué ce type à une race particulière que les découvertes ultérieures ont définie de plus en plus.

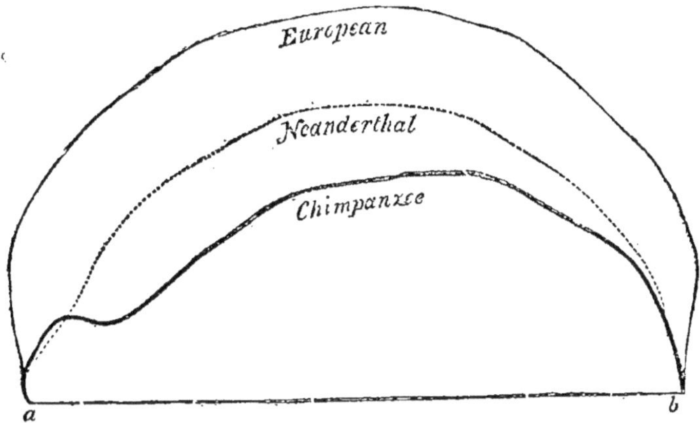

Fig. 2. — Diagrammes des crânes d'Européen, de Néanderthal et de Chimpanzé.

Si l'origine locale des fragments de Néanderthal est certaine, le point exact de son gisement dans la couche géologique ne l'est pas. FUHLROTT est arrivé juste recueillir

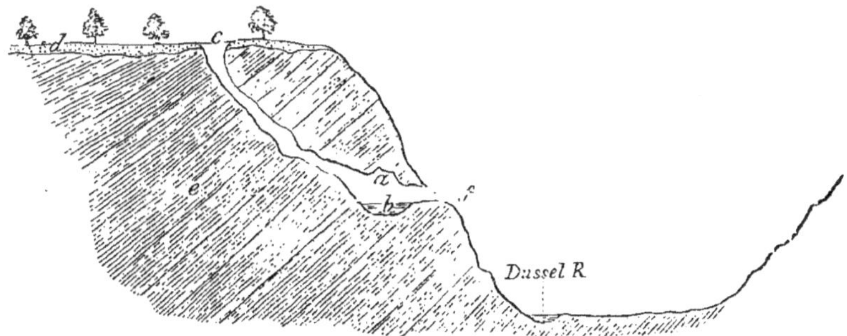

Fig. 3. — Caverne de Néanderthal.

les ossements jetés par les ouvriers, hors de la grotte, sur les bords du ravin. En outre il existe un canal de communication entre la cavité de la grotte et la surface du plateau

qui la recouvre (fig. 3) de sorte que le squelette a pu être
entraîné des couches superficielles de ce plateau. Remar-
quons encore que BERNARD DAVIS et VIRCHOW, le célèbre
anatomo-pathologiste allemand, ont fait du crâne de Néanderthal une pièce pathologique. Nous reviendrons plus
tard sur ce point.

Sans nous arrêter aux crânes de Brux et de Podbaba
(Bohême) qui ont été très discutés, passons au crâne
d'Eguisheim.

EGUISHEIM. — Eguisheim est une localité située à 7 ki-

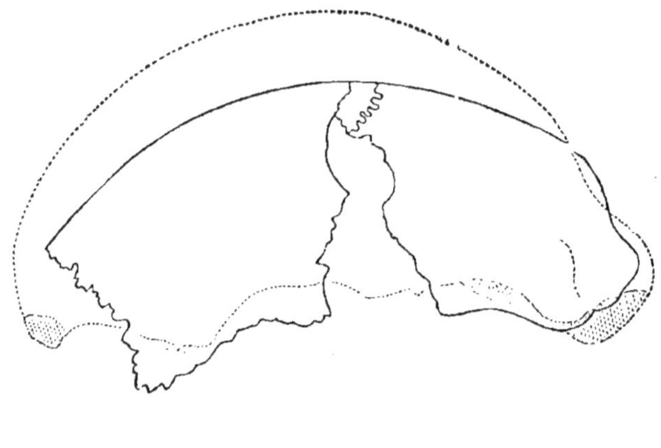

Fig. 4. — Crânes de Néanderthal et d'Eguisheim superposés.

lomètres au S.O. de Colmar. En 1865, on y découvrit des
fragments de crâne, un frontal et un pariétal droits, dans
une tranchée creusée à 2 m. 50 de profondeur. La même
couche comprenait des ossements d'équidés, de bovidés,
le frontal d'un cerf et une molaire d'*Elephas Primigenius*.
L'analyse chimique faite par SCHEURER-KESTNER a démontré
la contemporanéité des ossements fossiles et des os humains.

Ce crâne d'Eguisheim a des sinus frontaux très développés, les arcades sourcilières proéminentes, moins cependant que celles de Néanderthal. La dolichocéphalie est très accusée. Ce crâne, bien que surbaissé, aurait, suivant Schwalbe, une hauteur beaucoup plus grande que celui de Néanderthal (fig. 4). Les os en sont très épais, atteignent 11 millimètres d'épaisseur.

Je n'insiste pas sur les fragments de crânes trouvés en 1844, à Denise près du Puy (Haute-Loire). Ce sont des pièces peu propres à l'étude, étant prises dans une gangue épaisse et solide.

Le crâne de Marcilly-sur-Eure, découvert en 1885, est aussi considéré comme néanderthaloïde. Malheureusement il est incomplet ; et on a perdu sa trace, à ce que m'a assuré M. le Dr Paul Raymond, qui à plusieurs reprises s'est enquis de ses destinées.

En 1892, on a trouvé à Bréchamps (Eure-et-Loir) dans la terre à briques de Beaudeval, un crâne mieux conservé dont M. Manouvrier a pu faire l'étude et qui a un indice céphalique de 75, 5 et une capacité de 1400 cc. environ.

En Angleterre, en Irlande, des exemplaires plus ou moins complets de crânes néanderthaloïdes ont été découverts à diverses reprises.

En outre plusieurs mâchoires inférieures qu'on suppose appartenir à la même race ont été trouvées en des points très distants.

Spy. — Nous arrivons enfin à une fouille faite avec méthode et dans des conditions qui en font une observation scientifique. La découverte de Spy doit son importance à ce qu'elle nous a donné, joints aux crânes, les squelettes, sinon entiers, du moins composés de la plus grande partie de leurs os, de deux sujets. En outre, fait capital, leur niveau, le point de leur gisement a été relevé avec soin par Marcel de Puydt et Lohest, de Liège. La découverte fut faite en 1886 sur une terrasse de 11 m. sur 6 m., placée en avant d'une grotte située au-dessus d'un ruisseau, l'Orneau, qui traverse le territoire de Spy. Spy est une commune belge située entre Namur et Gembloux.

Un éboulis de terre brune recouvre un terrain tuffacé et contenant des silex taillés avec des ossements de cerf et de mammouth. Au-dessous est un lit peu épais contenant du *Rhinoceros Tichorhinus*, du *Mammouth*, du *Cerf*, du *Renne*, des silex taillés, des pointes *moustériennes*, des objets en ivoire et en os. Plus bas encore est un terrain jaune comprenant du *Rhinoceros Tichorinus*, du *Mammouth*, *Cerf*, *Renne* et des silex moustériens. C'est dans cette dernière couche que les deux squelettes furent trouvés.

Vous remarquerez que c'est la première fois que je puis vous parler d'une fouille faite avec le relevé minutieux des couches, avec le détail de l'instrumentation, de l'outillage correspondant, avec l'énumération de la faune, d'une fouille faite en terrain vierge, sous la surveillance immédiate d'hommes compétents. C'est ce qui m'a fait dire que Spy réunissait une grande partie des conditions qu'exige une observation scientifique. C'est donc pour nous une base solide.

Qu'étaient ces squelettes ? Ils étaient couchés à 2 m. 50 l'un de l'autre. Celui qu'on put voir bien en place était dans le décubitus latéral droit, la main droite au niveau du maxillaire inférieur. Bien que ces squelettes ne soient pas complets, ils comprennent les segments les plus importants : humérus, cubitus et radius, côtes, bassin, fémur, tibia, calcanéum. Ils ont été étudiés par Fraipont. Les deux crânes sont allongés, avec la voûte surbaissée. L'un a pour indice céphalique 70 ; l'autre, 74 (?). Le frontal est du type Néanderthal. Les caractères sont plus marqués sur l'un des crânes que sur l'autre ; les sinus frontaux sont énormes ; le front est bas, fuyant, avec une saillie en bourrelet des arcades sourcilières. Ces crânes sont brisés, mais ils sont accompagnés de fragments des mâchoires supérieure et inférieure. Ces mâchoires sont très fortes et armées de dents grosses et usées.

L'examen des os des membres a permis de supputer la taille de ces sujets. Elle est petite, comparable à celle des Lapons actuels, à celle des peuples des pays à faune froide.

On a trouvé, tant en France qu'à l'Étranger, Angleterre, Irlande, Belgique, Hollande, Allemagne, Bohême, Moravie, des fragments de crânes plus ou moins comparables et qui ont des caractères néanderthaloïdes. Ils sont considérés comme valables par les uns, douteux par les autres. Je ne puis les discuter aujourd'hui et je n'ai pas d'ailleurs la compétence voulue. Dans un but de simplification, je n'ai retenu ici que les exemples les plus saisissants. Je vous ai dit que les crânes de Cannstatt, de Néanderthal, d'Eguisheim ne pouvaient compter qu'à titre d'appoint et que Spy seul était digne de servir de base au raisonnement. Je crois bien fondées les critiques qu'ont adressées nombre de savants aux premières découvertes. J'admets sans restriction toutes les objections qu'a élevées, entre autres, l'un des adversaires les plus autorisés des doctrines préhistoriques actuelles, M. de LAPPARENT, dans son tout récent ouvrage sur les *Silex taillés* et *l'ancienneté de l'homme.* Chacun sait dans quel style élégant et clair l'éminent géologue fait ses exposés, avec quelle logique serrée il déduit ses raisonnements, avec quelle aisance son esprit souple sait, dans la discussion, allier la plus grande courtoisie au plus subtil persiflage. Je l'ai vu néanmoins avec un assez vif désappointement, dans la brillante controverse qu'il suscita en 1905 et 1906, négliger tout à fait la découverte de Spy qui date de 1886. Le nom de

Spy n'est pas même prononcé dans son réquisitoire : un silence aussi profond sur la fouille belge et ses conséquences étonne. Je puis me tromper, mais, à mon sens, la découverte de Spy, loin d'éclipser et d'annuler Cannstatt, Néanderthal, et Eguisheim leur donne une valeur qu'ils n'avaient pas. Les crânes de Spy permettent en effet de grouper dans une catégorie assez homogène ceux des précédentes découvertes. Je ne sache pas en effet que personne ait mis en doute que ces divers fragments de crânes ne fussent des ossements humains vrais. Le différend n'existe que sur leur âge, sur l'époque où vivaient les hommes dont ils sont les témoins. Il est acquis, non pas archéologiquement, si l'on veut, mais anthropologiquement, que le type connu sous le nom de Néanderthal existe, que certains hommes ont eu des crânes de ce type très spécialisé. Je puis ajouter, me fondant sur des observations prises en d'autres sciences, que ce type a dépassé les temps préhistoriques, qu'il s'est perpétué dans la suite des âges et même qu'il existe encore de nos jours. On le rencontre dans les cimetières d'époques peu reculées relativement. Dans ce Musée même les crânes trouvés par le baron de Baye dans les sépultures du Petit-Morin offrent plusieurs exemples du type Néanderthal atténué. On les trouve dans les vitrines des ethnographes qui ne visent que les races encore vivantes, dans les laboratoires où les pathologistes étudient les formes des dégénérescences. C'est pourquoi, de quelque nom dont on l'affuble, il est juste de tenir pour scientifique et véritable la description du crâne dit de Néanderthal, caractérisé par une dolichocéphalie accusée, une prédominance considérable du crâne postérieur sur le crâne antérieur, l'épaisseur des tables osseuses, la disposition en bourrelet des arcades sourcilières, la saillie des sinus frontaux, la visière du front bas et fuyant, et le surbaissement de la voûte.

*
* *

La persistance du type néanderthaloïde dans certains cas anormaux ou pathologiques explique la déclaration que fit Virchow devant les crânes préhistoriques les plus anciens. Virchow fut un des plus grands anatomo-pathologistes : il était habitué aux types que produisent les processus morbides et de dégénérescence, qui sont souvent considérés actuellement comme des retours ataviques, et qui peuvent n'être que des réactions naturelles devant des conditions déterminées. Qu'un lobe cérébral soit petit, parce que l'être n'a pas encore parcouru tous les degrés de l'échelle évolutive, ou qu'un lobe soit réduit par l'empreinte définitive d'une cause morbide, la partie correspondante de la calotte crânienne le recouvrira de la même façon et la dégénérescence répétera la forme atavique. Virchow connaissait bien, pour les avoir vus chez des idiots ou des malformés du crâne, les types qu'on lui présentait. C'est pourquoi il ne pouvait hésiter et quand on lui montra Néanderthal, il répondit que c'était un crâne pathologique. Quand il vit Cannstatt ou Eguisheim, il répéta : pathologique. Et quand plus tard arriva la fameuse affaire du crâne de Trinil, il dit encore : pathologique. Virchow avait donc à la fois tort et raison. Il avait raison puisqu'on peut voir soit au Muséum, soit dans certaines collections pathologiques, des crânes d'imbéciles ou d'aliénés affectant le type néanderthaloïde. Il avait tort, puisque ce même type se rencontre sur des crânes non pathologiques, crânes provenant de races encore existantes, et dont certains Australiens fournissent des exemples.

Il n'est pas rigoureusement exact de dire que la race de Néanderthal soit une race fossile, puisque individuellement ou ethniquement, elle existe encore à la surface de la Terre.

Nous pouvons néanmoins la tenir pour la race humaine la plus antique du globe que nous connaissions à ce jour.

III

TYPES CRANIENS DES TROGODYTES LOZÉRIENS

Crânes de Laugerie, de Cro-Magnon et de Menton.

CRO-MAGNON. — Passons maintenant à une race tout à fait différente de celle de Néanderthal et de Spy, et sur laquelle la découverte faite en 1858, par LARTET et CHRISTY dans la vallée de la Vézère, à Tayac, près des Eyzies (Dordogne), a été le point de départ de nos connaissances.

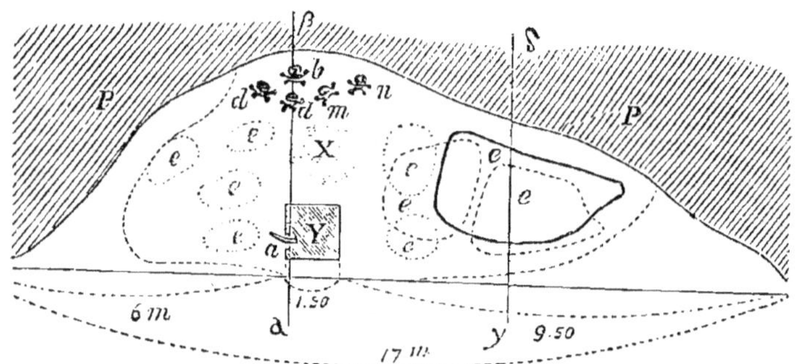

Fig. 5. — Plan de l'abri de Cro-Magnon.

a, dent d'éléphant ; *b*, crâne de vieillard ; *dd*, ossements humains ; un squelette de femme ; *n*, ossements d'un enfant ; *ccc*, dalles détachées de la voûte à différentes époques.

C'est la race de Cro-Magnon. Son type est assez bien caractérisé pour servir en quelque sorte d'étalon. Dans une grotte, on trouva trois corps, un homme âgé, une femme dont le crâne porte une lésion traumatique, et un sujet plus jeune (fig. 5). L'époque de ces squelettes a été contestée. MM. De Mortillet dans *Le Préhistorique* tendent à prouver qu'ils « appartiennent au commencement des temps actuels ». M. Hervé les tient pour néolithiques. Il a proposé pour la race des Baumes-Chaudes et de Cro-Magnon le nom de Troglodytes lozériens. Néanmoins le type crânien est resté classique et il mérite encore le rang exceptionnel où l'ont placé De Quatrefages et Hamy. C'est

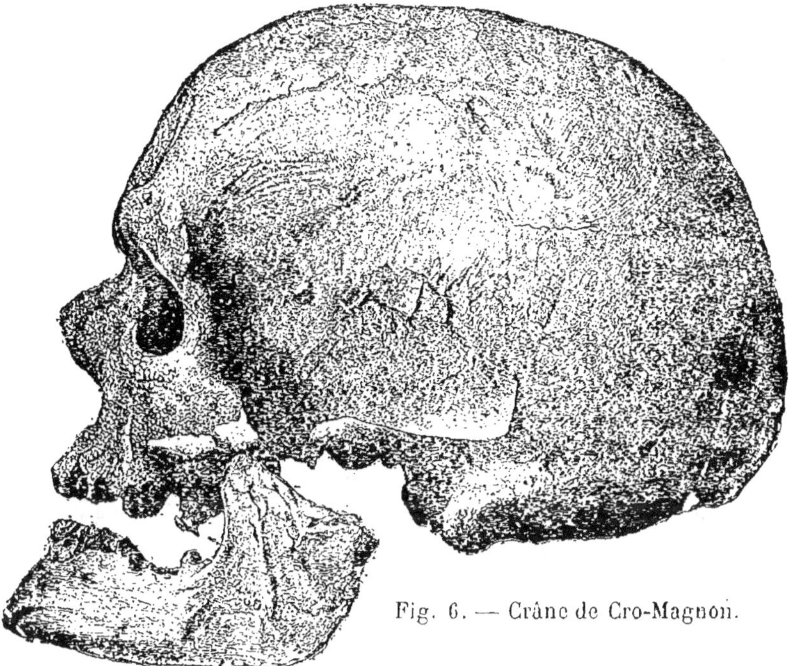

Fig. 6. — Crâne de Cro-Magnon.

en effet que ce crâne est aussi caractéristique dans son genre, aussi dissemblable des crânes néolithiques que des crânes néanderthaloïdes. La seule analogie qui existe entre Cro-Magnon et Néanderthal, c'est la dolichocéphalie accusée. L'indice céphalique est ici de 73,76. A part cela, tout diffère : le front est haut et largement appuyé sur des sinus frontaux relativement peu saillants (fig. 6). La voûte crânienne est régulière et harmonieusement développée. La capacité du crâne est considérable. Broca l'a évaluée à 1590 cc., chiffre supérieur à celui que donnent les crânes de nos contemporains. Les orbites ne sont plus encerclées dans des bourrelets épais : leurs bords sont nets, minces et circonscrivent une cavité d'un contour parallalélogrammique spécial. Le grand axe de l'orbite est très allongé transversalement.

La taille des hommes de Néanderthal et de Spy était petite. A Cro-Magnon, le vieillard atteint environ 1 m. 82; et la femme, 1 m. 66.

***

Laugerie Basse. — Dans la même vallée, à quelques kilomètres de distance, M. Massenat, en 1872, a trouvé à Laugerie-Basse un squelette dans des conditions particulières de conservation. L'homme avait été tué probablement par l'éboulement d'un bloc rocheux et était resté sur place. Il était dans le décubitus latéral gauche, tous les segments des membres en flexion, la main gauche sous le pariétal gauche, la main droite sur le cou. Ce squelette gisait au milieu d'un dépôt franchement magdalénien. Le crâne a le front élevé, les sinus frontaux peu accentués, la voûte crânienne est arrondie et bien développée. Il est dolichocéphale ; son indice céphalique et de 73,19. La taille du squelette a été évaluée à 1 mètre 649.

Plus tard en 1888, à Chancelade (Dordogne), MM. Hardy et Féaux découvrirent un squelette, dans le décubitus latéral gauche, la main gauche contre la tête, la main droite près du menton. Le crâne, qui a été étudié par M. Testut, présente des caractères de grande analogie avec celui de Laugerie-Basse. Il n'y avait aucun objet industriel dans la couche même où reposait le squelette ; mais plus haut étaient des silex et des ossements ouvrés, qui en font, comme les deux précédents, un individu de l'époque magdalénienne.

BAOUSSÉ-ROUSSÉ. — Nous arrivons enfin à des recherches qui, par la méthode avec laquelle elles ont été poursuivies, passent au premier rang et sont dignes de servir de modèle.

Tout près de Menton, à une petite distance du Pont Saint Louis qui sert de frontière entre la France et l'Italie, s'élève un massif de rochers qui, à quelques pas du rivage de la Méditerranée, forment une sorte de promontoire. On les distingue de loin à leur couleur chaude. On les appelle les Roches-Rouges ou *Baoussé-Roussé* dans le patois local, *Balzi-Rossi* en italien. Ces rochers sont creusés de grottes, toutes ouvertes sur la mer et qui sont devenues célèbres sous le nom de *Grottes de Menton*. En réalité, elles appartiennent à l'Italie, dépendent d'un hameau voisin de Vintimille, de Grimaldi. Ces grottes furent étudiées à divers points de vue par de nombreux savants, mais elles n'acquirent la célébrité qu'après la découverte de l'Homme de Menton par M. EMILE RIVIÈRE, le 26 mars 1872, dans la grotte du Cavillon. Depuis lors, on n'a cessé d'y fouiller.

On compte aux Baoussé-Roussé neuf grottes. Parmi celles-ci, les principales sont :

La *grotte des Enfants*, ainsi nommée parce que M. RIVIÈRE y trouva, à 2 m. 70 de profondeur, en 1874-75, deux squelettes d'enfants de 4 à 6 ans. Nous reviendrons plus loin sur cette caverne.

La *grotte du Cavillon* où M. RIVIÈRE trouva l'homme quaternaire de Menton a 6 m. 55 de profondeur. Ce squelette est conservé dans les galeries d'anthropologie du Muséum.

La *Bausso da Torre*, qui donna encore à M. RIVIÈRE

deux squelettes adultes et un squelette d'enfant a 3 m. 75 et 3 m. 90 de profondeur.

La *Barma Grande* où M. Louis Julien, en 1884, découvrit un squelette dont le crâne est au Musée municipal de Menton, et où plus tard, M. ABBO découvrit de nouveaux squelettes, qui ont fait l'objet d'un travail de M. Verneau.

Enfin la *grotte du Prince*.

Nous ne retiendrons ici que les fouilles récentes faites aux frais du prince ALBERT DE MONACO et confiées aux savants les plus autorisés. Conduites par M. le chanoine DE VILLENEUVE, elles furent étudiées par M. BOULE au point de vue stratigraphique et paléontologique, par M. VERNEAU au point de vue anthropologique et par M. CARTAILHAC au point de vue archéologique. Elles ont fait l'objet d'une communication capitale au Congrès de Monaco de 1906. Leur description est contenue dans un luxueux ouvrage, dont la publication, sous le titre de « *Grottes de Grimaldi* », est encore en cours. Il ne lui manque d'ailleurs pour être complet que la partie archéologique de M. CARTAILHAC.

Deux des grottes de Grimaldi, la grotte des Enfants et la grotte du Prince, ont été ainsi systématiquement fouillées couche par couche.

M. BOULE a établi que les grottes étaient remplies de dépôts qui tous remontaient aux temps quaternaires. La grotte du Prince comprend à son niveau le plus bas une plage marine de la fin du Pliocène ou du début du quaternaire, où l'on trouve des coquilles de mollusques des mers chaudes.

Au-dessus de cette plage est une couche caractérisée par des espèces de faune chaude : *Eléphant antique, Hippopotame, Rhinocéros de Merck*. Ces dépôts sont si anciens que M. Boule y a signalé une forme d'*Ours* et une espèce *chevaline à affinités pliocènes.*

Plus haut, l'*Hippopotame* disparaît ; il reste l'*Eléphant antique* et le *Rhinocéros de Merck* ; en même temps apparaît le *Chamois*, premier témoin d'une faune froide.

Puis, les espèces de faune chaude disparaissent tout à fait pour faire place aux animaux de faune froide, dont le *Renne*. Vous savez que jusqu'ici on ne pensait pas que le *Renne* eût vécu sur les bords de la Méditerranée. Aussi la constatation de M. Boule prend-elle une importance toute particulière.

L'*Eléphant antique*, l'*Hippopotame* et le *Rhinocéros de Merck* correspondent au Pléistocène inférieur, à l'étage le plus bas du Quaternaire, au temps écoulé entre la 2ᵉ et la 3ᵉ période glaciaire et qui est, d'après la classification de G. de Mortillet, le temps de l'époque chelléenne. Or, ce n'est pas du Chelléen qu'on trouve à ce niveau dans la grotte du Prince, c'est du Moustérien. Et M. Boule insiste particulièrement sur ce point. Il tend, sinon à mettre l'industrie moustérienne au premier échelon de l'industrie humaine, à la considérer comme plus imparfaite que les outils chelléens, du moins à placer Chelles et Moustier sur le même plan. En somme, la stratigraphie paléontologique montre que les populations de faune chaude pouvaient concurremment employer les deux tailles chelléenne et moustérienne.

Dans la grotte des Enfants, on ne trouve plus d'*Eléphant antique* ni d'*Hippopotame*. Les dépôts les plus inférieurs contiennent le *Rhinocéros de Merck*, l'*Ours des cavernes* et l'*Ours arctique* : ils sont donc moins anciens que les plus anciennes couches de la grotte du Prince.

La grotte des Enfants est remarquable par les restes humains qu'elle renferme. Il est prouvé que tous ses squelettes sont de l'époque quaternaire.

Ce sont par ordre de superposition :

Un squelette féminin, le plus superficiel, trouvé par M. DE VILLENEUVE, à 1 m. 90 de profondeur ;

Puis les deux squelettes d'enfants jadis trouvés par M. RIVIÈRE, à 2 m. 70 de profondeur ;

Puis, trouvés par M. DE VILLENEUVE, un squelette isolé à 7 m. 05 ; et enfin une double sépulture à 7 m. 75. Ces derniers squelettes étaient sur des dépôts qui contenaient le *Rhinocéros de Merck*, ce qui ne veut pas dire tout à fait sur une faune chaude, car M. BOULE fait remarquer que cet animal a survécu à l'*Eléphant antique* et à l'*Hippopotame* et se trouve aussi contemporain d'une faune froide.

Les squelettes de la Grotte des Enfants ont été étudiés au point de vue anthropologique par M. VERNEAU. Les squelettes supérieurs ont de grandes analogies avec le type de Cro-Magnon. Les squelettes de la double sépulture inférieure en diffèrent dans de fortes proportions et présentent des caractères qui ont paru assez nettement distinctifs à M. VERNEAU pour en faire le type d'une race dite *Négroïde de Grimaldi*. Ces deux squelettes sont ceux d'une vieille femme et d'un adolescent.

Pour M. VERNEAU, cette race serait antérieure à Cro-Magnon, intermédiaire entre Néanderthal-Spy et Cro-Magnon, de sorte qu'on aurait au bas de l'échelle de nos races, abstraction faite du *Pithecanthropus*, qui ne nous intéresse pas ici :

1° Néanderthal-Spy ;

2° Race négroïde de Grimaldi ;

3° Cro-Magnon.

M. VERNEAU, dans ses conclusions, semble admettre que l'humanité, avant de s'élever jusqu'au type de la race blanche, a passé par le stade inférieur nègre. Mais ses arguments ne sont pas décisifs et la filiation de nègre à blanc reste encore à prouver.

Pourquoi les squelettes de Grimaldi sont-ils dits négroïdes ? Parce qu'ils présentent divers caractères des nègres. Et voici les principales analogies sur lesquelles M. VERNEAU appuie sa thèse. La race de Grimaldi a une taille supérieure à la moyenne (1m. 87), un développement exagéré de l'avant-bras par rapport au bras, et de la jambe par rapport à la cuisse. Le membre inférieur est allongé comparativement au membre supérieur. La tête volumineuse est dysharmonique, c'est-à-dire que le crâne est allongé tandis que la face est large et basse. Les orbites sont larges à faible diamètre vertical. Le prognathisme des mâchoires est énorme. Le maxillaire inférieur porte un menton fuyant, à corps épais, à branches montantes larges et basses avec des condyles très inclinés en arrière. Le bassin a ses ilions verticaux, développés en hauteur, la crête iliaque est très courbée, l'échancrure sciatique est étroite, comme chez les nègres actuels. Il y a en outre des particularités de certains os, comme le cubitus, le fémur, le tibia. La saillie du talon est extrêmement prononcée.

Je dois dire que tous les anthropologistes ne semblent pas admettre sans réserves les caractères de cette race. Pour nous, archéologues, la détermination anthropologique est secondaire ; et il ne nous faut voir dans cette magnifique découverte que des témoins indiscutables du début des industries humaines. Or, c'est ici que des considérations inattendues surgissent. Ces hommes que nous supposions soumis à des usages rudimentaires, vivant presque à l'état de nature, avaient déjà des habitudes significatives. M. VERNEAU, en effet, étudiant les conditions de ces sépultures, a pu conclure que les tribus quaternaires ensevelissaient les morts et pratiquaient divers modes d'inhumation. Les cadavres étaient soit enterrés sur un foyer ancien, quelquefois creusé par endroits, soit déposés dans des fosses assez vastes pour recevoir plusieurs corps. La fosse était même remplacée par une tombe rudimentaire constituée par quelques pierres debout, qui parfois étaient surmontées de pierres posées horizontalement sur elles, de façon à former des sortes de petites cistes incomplètes qui n'abritaient qu'une partie du cadavre. Il n'y a aucune constance dans l'ornementation des corps ni dans l'attitude des cadavres. Des six squelettes de la Grotte des Enfants, seuls, ceux des deux hommes adultes ont été colorés par le peroxyde de fer. La couche de fer oligiste a teinté en rouge indistinctement les ossements et les objets de parure : ce qui réduit à néant, dans ces sépultures tout au moins, l'idée de la coloration intentionnelle des os après décharnement du cadavre. Hommes et femmes étaient ornés de leur parure. Seuls, les jeunes enfants découverts par M. RIVIÈRE n'avaient ni parure, ni armes, ni outils; ils n'avaient que leur revêtement de coquillages.

Ce type négroïde n'est pas isolé. On peut lui appliquer ce que je vous disais de Néanderthal, ce qui était depuis longtemps connu de Cro-Magnon, dont le type crânien présente une grande dissémination et une longue survivance. Le même fait s'observe pour Grimaldi. M. VERNEAU, en ayant recherché les caractères dans diverses collections, les retrouva sur des crânes néolithiques bretons et de pays divers, tels que la Suisse, la vallée du Rhône et le nord de l'Italie.

———

IV

SQUELETTES DE KRAPINA

KRAPINA. — Il me reste à vous parler d'une découverte, qui a fait un certain bruit ces dernières années dans les milieux archéologiques. L'attention toute spéciale que M. Hubert m'a paru lui accorder, tant dans son Cours que dans ses entretiens familiers, les conclusions générales qu'elle semblait pouvoir suggérer m'ont fait un devoir de m'en préoccuper. Il s'agit de la station paléolithique de Krapina. Les mémoires originaux ayant été publiés en allemand, j'ai eu recours pour prendre une idée de la découverte aux analyses et travaux qui ont paru dans les recueils français. La lecture de ces travaux me jeta dans un grand embarras. L'un d'eux décrivait une race à hyperdolichocéphalie, un autre parlait de brachycéphalie et citait des chiffres et des indices céphaliques, tels que 82-85, caractéristiques en effet d'une brachycéphalie nette. Tous deux cependant traitaient du même objet, de la découverte faite à Krapina par M. Gorjanovic Kramberger. Très perplexe, je sollicitais l'avis d'autorités indiscutables. Ces matières sont du ressort des naturalistes, et non des préhistoriens. Dans l'étude des races humaines, les préhistoriens font mieux de laisser parler les paléontologues que de leur opposer des objections assises sur les étages mal assurés des industries primitives. J'allai donc au Museum. Je demandai avis à M. Boule. C'est un homme de haute science et de grande affabilité. Il me dit simplement : « Je ne crois pas jusqu'ici qu'il y ait dans la découverte de Krapina un fait vraiment sensationnel. Jugez-en par vous-même ». Et incontinent, il m'installa dans la bibliothèque en me mettant entre les mains le travail original et tout récent qu'il venait de recevoir de l'auteur même. Ce livre édité avec grand soin et un beau luxe d'illustrations est dû au Dr Karl Gorjanovic Kramberger, professeur de géologie à l'Université d'Agram. Son titre : *Der diluviale Mensch von Krapina*, Wiesbaden, 1906.

Krapina est une localité croate, à quelque distance d'Agram, sur les bords de la Krapinica, affluent de la Drave. Kramberger et Ostermann, son assistant, y trou-

vèrent des ossements humains correspondant à un nombre
indéterminé de squelettes, des fragments osseux de dix
ou douze crânes. Kramberger a étudié deux squelettes
d'enfants et surtout deux squelettes d'adultes. H. Obermaier, en annonçant la découverte de la station paléolithique de Krapina, a signalé que la grotte était déjà vidée
en partie par les ouvriers quand les fouilles systématiques
commencèrent et que les ossements n'étaient plus qu'à
l'état de débris. Le matériel d'étude n'était donc pas bon.
D'ailleurs si l'on cherche dans les magnifiques planches
de l'ouvrage de Kramberger la représentation des documents, on ne trouve comme pièce la plus démonstrative
que le débris de crâne dont je vous présente le calque
sommaire. On y reconnaît toutefois que les sinus frontaux
sont développés, que l'avant du frontal est projeté en visière, que les arcades sourcilières forment bourrelet, bref
un air de parenté avec le type de Spy-Néanderthal. Par
une patiente et laborieuse reconstitution, Kramberger a
recherché les dimensions et indices probables de ces crânes.
Dans les tableaux qu'il publie, il note des mesures qui,
linéaires se rapportent manifestement à la dolichocéphalie,
et indicatrices correspondent à la brachycéphalie. On ne
peut voir à cette discordance apparente qu'une seule raison, c'est qu'il ne s'est pas servi des unités françaises de
mesure : d'ailleurs les chiffres comparatifs qu'il donne
pour les crânes connus de Néanderthal et de Spy ne sont
pas ceux de la notation française. Il peut vous sembler
oiseux que j'insiste sur un tel détail ; mais cela tend à
confirmer la critique qu'au début je faisais de l'interprétation trop servile des données numériques en zoologie.
Il y a longtemps qu'on a tenté de parer à ce défaut. A tous
les Congrès, on propose une entente internationale pour
l'unification des mesures crâniométriques. A Monaco, en
1906, on est revenu sur ce sujet. Les points de repère sont
si peu précis que chaque Ecole les choisit à son gré. A

Francfort, on avait établi une convention ; elle n'a déjà plus cours. En France même il y a des divergences dans les méthodes de mensuration. Comment, dès lors, arriver à un rapport exact, surtout si l'on considère que les crânes étudiés sont toujours si abîmés qu'ils nécessitent des restaurations, quelquefois même de véritables reconstructions ?

Quoi qu'il en soit, la paléontologie permet d'attribuer la station de Krapina au paléolithique inférieur. Elle est très ancienne, car elle correspond à une faune chaude. Son industrie est moustérienne, ce qui vient encore corroborer le bien fondé des remarques que M. BOULE a faites à la Grotte du Prince et son rapprochement du Chelléen et du Moustérien.

Le type de Krapina semble être un type voisin de Spy-Néanderthal. Il n'est donc pas caractéristique d'une race spéciale. On ne peut y trouver aucun enseignement sur la migration des races paléolithiques.

———

V

CONCLUSIONS GÉNÉRALES

De l'exposé de ces faits, quelles conclusions générales pouvons-nous tirer en réponse aux questions posées au début ?

L'anthropologie, dans la détermination des races quaternaires, est certes arrivée à des résultats très valables au point de vue comparatif des races entre elles. Elle a pu en différencier quelques-unes ; mais il ne faut pas trop s'illusionner sur la profondeur des fossés qui les séparent. Il ne faut prendre ces données que comme des termes de comparaison, des éléments de classification. La science

interrogée nous répond avec franchise : par l'extrême va-
riabilité de ses enseignements, elle nous met elle-même
en garde contre les interprétations hasardeuses. Jusqu'ici
elle nous dit qu'aussi loin que nous puissions actuellement remonter dans la considération des races, celles-ci
étaient déjà de plusieurs types pour une même époque, et
que déjà, sur l'étendue relativement restreinte d'une con-
trée terrestre, elles étaient mêlées.

On a cherché avec obstination le lieu d'apparition de
l'Homme sur la Terre. Suivant les tendances mono ou poly-
génistes des savants, ce lieu a été diversement situé. N'ou-
blions pas que, d'après les transformations que la Terre a
subies, nos chances de le connaître sont considérablement
réduites. Qui sait si ce centre d'apparition n'a pas disparu ?
Qui sait si ce mélange des races n'est pas un facteur de
notre évolution ? Du reste l'ardeur des discussions sur le
mono ou le polygénisme s'est éteinte depuis que l'autorité
biblique a fléchi. La doctrine de l'évolution n'est pas
atteinte par l'unicité ou la multiplicité des foyers présu-
més de l'apparition de l'Homme. Cette doctrine n'a d'ailleurs pas changé grand'chose au statut fixe de nos vieilles
connaissances traditionnelles. Pour elle, l'Homme est toujours bien sorti du limon humide de la Terre ; les forces
seules qui l'ont pétri ont pour nous changé de nature et
d'attributs. Les changements de nos idées vont de pair
avec les changements incessants des races. Que ceux
d'entre vous qui, dans les doctrines actuelles, déplorent
la destruction de leur foi, se rassurent et se consolent. La
foi nouvelle que nous avons la joie toute spirituelle de
voir éclore, qu'ils ne la considèrent pas comme une enne-
mie, mais comme une sœur de leur propre foi, destinée

comme elle à grandir, à régner, puis à abdiquer devant quelque autre encore ; et cela, ainsi de suite, jusqu'à la consommation des siècles. Je m'arrête pour que vous ne me reprochiez pas de parler comme l'Ecclésiaste...

*_**

Pouvons-nous délimiter les aires d'extension des races primitives ? Pas encore. Comment cette extension eut-elle lieu ? Nous l'ignorons. Tout ce que nous pouvons dire, c'est qu'à telle période, dont nous ne savons pas préciser la durée, caractérisée par un état assez bien déterminé du sol, par des conditions climatériques assez bien définies, par une flore et une faune assez bien spécialisées, il a vécu des hommes de types anthropologiques comparables, dont la similitude avec nous-mêmes est plus saisissante que leur dissemblance entre eux, et que ces hommes avaient une industrie et un art, qui peuvent nous éclairer sur la genèse de nos propres idées. Nous ne savons rien de leur état social, plus développé peut-être que nous ne l'imaginions.

Pour connaître la dissémination de ces races, il faut au préalable pointer sur une carte tous les lieux où l'on a trouvé des hommes quaternaires. Et pour faire ce pointage avec fruit, il faut valider les documents que nous avons recueillis. Récemment, Hugues Obermaier s'est livré à une patiente étude critique des découvertes des restes humains quaternaires de l'Europe centrale. Elles sont nombreuses et cependant il n'a pu retenir que 4 foyers certains : Taubach, près de Weimar ; Andernach, sur le Rhin, à 20 kilomètres de Coblenz ; Freudenthal, près de Schaffouse et Kesserloch, près de Thayngen, en Suisse.

Vous sentez que pour résoudre ces problèmes, les difficultés sont énormes et qu'il est nécessaire que des sciences très diverses se prêtent un mutuel appui. En Préhistoire, nous en sommes encore à la période des constatations ; à peine entrons-nous dans celle des groupements. Sur ces constatations, on peut, il est vrai, bâtir des théories. C'est un jeu de l'esprit bien tentant ; et toute théorie est d'ailleurs un effort vers la vérité. Mais il ne faut jamais perdre de vue que scientifiquement ces théories sont hypothétiques et qu'elles n'ont pas encore les qualités requises pour constituer une doctrine légitime. Méfions-nous de notre tendance à confondre l'exact avec le vrai.

La Science, quel que soit son objet, c'est l'observation minutieuse des faits, puis leur comparaison et leur classification, puis l'étude de leur déterminisme, c'est-à-dire des conditions qui les ont fait naître. Quand on est parvenu à cette connaissance, alors seulement on peut prétendre à l'établissement d'une loi. Celle-ci sert de dogme à ceux qui ne peuvent ni en étudier les sources, ni en faire la critique et qui sont obligés de l'accepter comme l'expression de la vérité. Pour tous alors, la vérité scientifique est acquise et le chemin est libre pour de nouvelles recherches.

Louveciennes, mai 1907.

TABLE DES MATIÈRES